百角文库

古人的餐桌

罗蓁蓁 著

中国少年儿童新闻出版总社
中国少年兒童出版社

北 京

图书在版编目（CIP）数据

古人的餐桌 / 罗蓁蓁著 . -- 北京 : 中国少年儿童出版社 , 2024.1（2024.7重印）
（百角文库）
ISBN 978-7-5148-8443-2

Ⅰ . ①古… Ⅱ . ①罗… Ⅲ . ①饮食 – 文化 – 中国 – 古代 – 少儿读物 Ⅳ . ① TS971.2-49

中国国家版本馆 CIP 数据核字（2024）第 003466 号

GUREN DE CANZHUO
（百角文库）

出版发行：中国少年儿童新闻出版总社 中国少年儿童出版社

执行出版人：马兴民

丛书策划：马兴民 缪 惟
丛书统筹：何强伟 李 橦
责任编辑：唐威丽 陈白云
责任印务：厉 静
美术编辑：徐经纬
装帧设计：徐经纬
标识设计：曹 凝
封 面 图：谢雨函
责任校对：刘 颖

社 址：北京市朝阳区建国门外大街丙 12 号
邮政编码：100022
编 辑 部：010-57526320
总 编 室：010-57526070
发 行 部：010-57526568
官方网址：www. ccppg. cn

印刷：河北宝昌佳彩印刷有限公司

开本：787mm × 1130mm 1/32
印张：2.75
版次：2024 年 1 月第 1 版
印次：2024 年 7 月第 2 次印刷
字数：31 千字
印数：5001-11000 册

ISBN 978-7-5148-8443-2
定价：12.00 元

图书出版质量投诉电话：010-57526069 电子邮箱：cbzlts@ccppg.com.cn

序

提供高品质的读物，服务中国少年儿童健康成长，始终是中国少年儿童出版社牢牢坚守的初心使命。当前，少年儿童的阅读环境和条件发生了重大变化。新中国成立以来，很长一个时期所存在的少年儿童“没书看”“有钱买不到书”的矛盾已经彻底解决，作为出版的重要细分领域，少儿出版的种类、数量、质量得到了极大提升，每年以万计数的出版物令人目不暇接。中少人一直在思考，如何帮助少年儿童解决有限课外阅读时间里的选择烦恼？能否打造出一套对少年儿童健康成长具有基础性价值的书系？基于此，“百角文库”应运而生。

多角度，是“百角文库”的基本定位。习近平总书记在北京育英学校考察时指出，教育的根本任务是立德树人，培养德智体美劳全面发展的社会主义建设者和接班人，并强调，学生的理想信念、道德品质、知识智力、身体和心理素质等各方面的培养缺一不可。这套丛书从100种起步，涵盖文学、科普、历史、人文等内容，涉及少年儿童健康成长的全部关键领域。面向未来，这个书系还是开放的，将根据读者需求不断丰富完善内容结构。在文本的选择上，我们充分挖掘社内“沉睡的”“高品质的”“经过读者检验的”出版资源，保证权威性、准确性，力争高水平的出版呈现。

通识读本，是“百角文库”的主打方向。相对前沿领域，一些应知应会知识，以及建立在这个基础上的基本素养，在少年儿童成长的过程中仍然具有不可或缺的价值。这套丛书根据少年儿童的阅读习惯、认知特点、接受方式等，通俗化地讲述相关知识，不以培养“小专家”“小行家”为出版追求，而是把激发少年儿童的兴趣、养成正确的思考方法作为重要目标。《畅游数学花园》《有趣的动物语言》《好大的地球》《看得懂的宇宙》……从这些图书的名字中，我们可以直接感受到这套丛书的表达主旨。我想，无论是做人、做事、做学问，这套书都会为少年儿童的成长打下坚实的底色。

中少人还有一个梦——让中国大地上每个少年儿童都能读得上、读得起优质的图书。所以，在当前激烈的市场环境下，我们依然坚持低价位。

衷心祝愿“百角文库”得到少年儿童的喜爱，成为案头必备书，也热切期盼将来会有越来越多的人说“我是读着‘百角文库’长大的”。

是为序。

马兴民

2023 年 12 月

目　录

饮食简史

食物从哪儿来

食物从哪儿来？作为现代人的你来回答这个问题，答案可能是菜市场、超市、饭店等各种提供食物原料和成品的地点。如果你问一个原始人同样的问题，他的答案可能更加多元有趣。

不同时期，人们获取食物的方式不同。

在旧石器时代，人们以采集和狩猎为生。

天上飞的、地上跑的、水里游的都是人们觅食的对象。从旧石器时代过渡到新石器时代，人们开始向农业文明迈进，稻米已经进入人们的生活。进入新石器时代，稻作农业和家畜饲养齐头并进，人们餐桌上的食物又丰富了很多。我国是粟、稻两种主要农作物的发源地，也是最早驯化犬、猪、鸡等家畜家禽的国家。距今4000 年前后，我国还从西亚等地引进了家养羊、牛和小麦等。由此，中国人多种粮食加肉食的饮食格局，早在史前时代便已形成。相较于西方的肉食性食物结构，中国人的杂食性食物结构更为科学合理。

在狩猎中成长的人类

人类寻找食物的过程，也是人类不断进化的过程。为了猎取大型动物，人类不得不分工合作，这样人类就有了群体性的活动和分享食物的经验。为了应对凶猛的猎物，人们发明出相应的狩猎工具，如石球、箭镞等。通过不断制作、使用和改进狩猎工具，人们积累了宝贵的经验，人体的机能被更好地调动，思维能力得到锻炼，狩猎所得的食物也为人们提供了营养，促进人类进化。

建在螺蛳壳上的村庄

除了主动出击出门狩猎，人们还可以靠山吃山、靠水吃水。在云南昆明滇池边，有一个建在螺蛳壳上的村庄。这是怎么一回事呢？原来，这里是一个贝丘遗址，也就是一种以古代人类遗留的贝壳堆积为主的考古遗址。据考古学家介绍，古时候居住在这里的人，从滇池中捕捞螺蛳食用，然后将螺蛳壳丢弃。历经千余年，这些堆积的螺蛳壳与灰土层交替堆叠，最厚处达 6.5 米，覆盖面积竟有 9 万多平方米，相当于 13 个标准足球场那么大。

一万年前的稻米什么样

水稻是人类最重要的粮食作物之一。一万多年以前，几乎在西亚人驯化大麦和小麦的同时，中华民族的祖先们开始尝试将采集而来的普通野生稻加以种植和利用。此后历经上万年的时间，小小的稻种随着人类的脚步被播撒至世界的各个角落。到 2022 年，全球范围内水稻种植面积已经超过 1.25 亿公顷，占地球耕地 9% 的稻田维持着全世界半数以上人口的生存。稻作农业的发展，彻底改变了人们的生活方式。

令人自豪的是，在我国长江中下游地区，

集中分布着世界上最早的稻作文化遗址。2000年11月开始，考古学家在浙江省浦江县陆续发掘出世界上最早的属性明确的栽培水稻、定居村落遗迹和大量彩陶遗存。上山遗址的发现充分证明这里就是世界稻作文明的起源地，是以南方稻作文明和北方粟作文明为基础的中华文明形成过程的重要起点。

终于吃上熟食了

在学会使用火之前，人们过着茹毛饮血的日子，无论是野菜，还是打来的猎物，人们都直接食用。某天，当山林遭遇雷击发生大火时，人们开始了对火的认识。人们利用这样的“天火”烤制食物，但由于没有掌握保存火种的技术，当火种熄灭后，人们就继续生食。直到人们学会了制火和保存火种，才稳定地吃上了熟食。除了用火烹调食物，人们还利用火取暖，驱散那些凶猛的野兽。

古人取火的方法主要有三种：一种是利用摩擦产生火花的钻法和锯法；一种是以石击石和由此发展而来的火镰击石法；一种是利用金属镜或凸透镜聚光的取火法。其中钻木取火最为普遍，可追溯到远古时期，直到汉晋时代人们仍然沿用。

与火有关的传说

在上古传说中，燧人氏发明了钻木取火的技术。晋人王嘉在《拾遗记》这本古代中国神话小说集里描述了燧人氏钻木取火的场面：燧明国有棵大树，叫燧木。某天，有个聪明的人坐在一棵大树下休息，看见有只鸟在不停用嘴啄树枝，火苗随之冒了出来。这个人看见此情此景，立马心领神会，折取小树枝互相摩擦，便成功掌握了钻木取火的方法。这个人就是燧人氏。

无独有偶，《山海经》中记载了火神祝融的传说。祝融是我国民间供奉的三位火神之一。中国首辆火星车被命名为“祝融”，寓意借此点燃我国星际探测的火种。

原始人的用火遗迹

在考古发掘中，考古工作人员也发现了很多原始人用火的遗迹。中国目前发现最早的人类用火证据在山西西侯度遗址，距今约 180 万年。在这个遗址中，考古学家发现一些哺乳动物的肋骨、鹿角和马牙是经过火烧的，这些烧骨成为人类用火的证据。西侯度遗址的发现，把中国古人类用火的历史从 70 万年前的周口店北京猿人，向前推进了 110 万年。

周口店北京人用火遗址发现于 1933 年，

考古学家也在其中发现了被火烧过的鹿角，并在灰烬层里发现被火烧过的石块和骨头。研究表明，北京猿人不仅懂得使用自然火，还懂得控制火、保存火。猿人洞是北京猿人居住的场所。在猿人洞第4层“灰烬层”中，考古学家发现了火塘、原地烧结土、烧石、烧骨等用火遗物和遗迹，这些遗物和遗迹经过了700摄氏度以上的加热，自然火一般无法达到如此高的温度。这充分表明，北京猿人已经掌握了较高的用火技术。

没有炊具怎么办

人们掌握了取火的办法后，就进入了熟食时代。但还有一个问题亟待解决——炉灶和炊具。古代人是怎么解决这个问题的呢？幸好《礼记·礼运》和《古史考》都有记载。在没有炉灶和炊具的年代，人们会在自然中寻找可以利用的石板，将米和肉放在烧烫的石板上烤。除了石板，人们还可以将兽皮缝制成容器用来烹煮食物，将烧红的石头投入容器内，利用石头的温度把食物烹熟。这种方法被称为“石烹法”。

比手更靠谱的餐具

勺子：被随身携带的餐具

农耕文化出现后，人们开始种植粟和稻米，并以之为食。粟和稻米收获后，人们将其加水煮成粥饭食用。粥饭太烫，人们无法用手直接取食，勺子就应运而生了。也许人们随手捡起身旁的兽骨片或者蚌壳，做一定修整后，一个勺子就诞生了。从目前考古发现的餐勺来看，很多餐勺在手柄处都有一个可供穿绳的小孔，便于人们随身携带。不过那时候的勺子被称作“匕”，是专门用来吃饭而不是喝汤的。人们不仅活着的时候随身携带勺子，死后也将勺子放进墓中陪葬。新石器时代的许多遗址都出土过各种材质的勺子，主要以骨质为主。长江中下游的河姆渡遗址中出土了新石器时代最古老的餐勺,同时还发现了两件鸟形象牙餐勺，都是非常珍贵的文物遗存。

筷子：专门用来夹菜的工具

筷子被称为“箸”，它的发明要比勺子晚上许多。目前发现的最早的筷子实物出土于江苏省高邮市龙虬庄遗址，距今5000多年。考古工作者在这里发现了一批用骨头制作的筷子。其形状一端较平，一端圆而尖锐，也有的两端全都圆而尖，长度在9.2–18.5厘米之间。

在河南安阳殷墟，箸的发现就很普遍了。20世纪30年代，考古工作者在河南安阳殷墟西北岗祭祀坑发现了6件青铜箸头。此外，《韩非子》中也有商纣王使用象牙当筷子的记录，可见古人用来制作筷子的原材料较为多元。

如今，筷子可以用来夹取一切食物，而在古代，筷子是专门用于夹取羹汤中的菜的。如果用筷子来夹取米粥、米饭，就有违礼制。这在古人眼里就好比用吸管去喝粥，虽然没错，但看起来就有点儿不伦不类了。

到了汉代，人们已经非常熟练地使用筷子进食了。汉代画像石上有很多使用筷子的画面。山东嘉祥县武梁祠画像石上有一幅《邢渠哺父》孝子图。

故事讲的是汉代有个叫邢渠的人，母亲早逝，他与父亲同住。邢渠靠给人帮佣赚钱供养父亲。父亲年纪大了，牙齿都掉光了，无法自己进食，邢渠就喂父亲吃饭。在邢渠的精心照料下，父亲活到了一百多岁。

汉代形成了“以孝治天下”的治国方针，并将其作为官员任用的选拔标准。《后汉书·韦彪传》记载“事孝亲，故忠可移于君”，意为一个人只有在家中尽孝，才有可能向朝廷尽忠。

在《邢渠哺父》画像石中，儿子邢渠拿着筷子夹着食物送到父亲的嘴边，生动展现了古人使用筷子的情景和孝敬长辈的传统美德。

值得注意的是，在画像石中，邢渠用左手拿着筷子为父亲喂食，右手握着勺子，这也说明，当时筷子仍然是次于勺子的辅助工具。

那我们今天使用的“筷子”这个称呼是什么时候出现的呢？据语言学者研究，“筷子”这个称呼是在清代才出现的。江南货运发达，

“箸”的谐音就是“住”，这对经常行船的人来说等同于“翻船”的意思。于是，为了避讳，明代时，在苏州一带，人们改称“箸”为“快儿”，寓意船行顺风。经过方言与官话的交流渗透，到了清代，“筷子”一词频频出现在白话小说里，比如我们熟知的《红楼梦》里就多次提及。

除了我们熟悉的勺子和筷子，古人还创造了以陶器、青铜器、漆器、瓷器、金银器等为原材料的整套餐具、炊具。

陶器餐具：古朴耐用

在一万多年前，人类发明了陶器。随着制陶工艺日趋成熟，距今约9000至8000年，我国钱塘江和渭河流域的先民烧制出了第一批彩陶。此后，彩陶广泛出现于黄河、辽河、长江等流域的各新石器时代文化中，而黄河上游甘肃地区的彩陶最为发达，形成了独具特色的彩陶文化。

在距今约11000至8500年的上山文化遗址中，出土了大批陶器餐具。有陶盆、圈足碗、圜底罐、陶杯、陶壶、圈足杯等器型。圜底罐表面残留大量烟灰痕迹，可见是用于烹煮食物的炊器。值得一提的是，考古学家发现圈足杯是上山人用来饮酒的餐具，出土数量较多，考古学家推测，可能那时上山人就经常举办宴饮活动。

青铜器餐具：地位身份的象征

进入青铜时代，人们利用红铜与锡的合金制作出青铜器，这是当时最尖端的生产技术，以青铜食器、酒器、水器、乐器等为核心的礼仪和等级制度形成。比如，鼎本来是烹煮和盛贮肉类的器具。但商王祖庚时期制作的后母戊鼎，以其庄严的造型和神奇瑰丽的纹饰成为商王朝政治力量和经济力量的象征。周朝的礼制更是规定：天子用九鼎，诸侯用七鼎，大夫用五鼎，士用三鼎或一鼎。鼎以及其他青铜器，如簋（guǐ）、爵、壶等，成了公卿大夫身份的象征。

漆器餐具：美观耐用

漆器是用漆涂在各种器物表面上制成的日常器具及工艺美术品。新石器时代，人们就已经认识到了漆器的性能。战国时期，漆器进入第一个繁荣期。漆的色调以红、黑两色为主。红黑对比，衬托出漆器的典雅和富丽，呈现出强烈的装饰效果。

进入汉代，漆器已经成为上层社会的重要生活器具。漆器餐具耐用、轻便、美观，远远胜过青铜器和陶器，成为贵族们争相追捧的潮流餐具。其产量之大、产地之多、制作之精前所未有。小到精致的食案，大到摆放在食案后的屏风，人们都热衷使用漆器。魏晋以后，随着瓷器制作技艺的成熟和金银器的繁荣，漆器数量逐渐减少。

瓷器餐具：广受喜爱的餐具

从商代的原始青瓷开始，瓷器就作为一种餐具参与到中国饮食文化的发展中。唐代出现了白瓷和以白瓷为基础的彩绘瓷餐具。宋代，瓷器发展达到高峰，风格清雅、各种颜色的单色釉瓷器餐具走上人们的餐桌。时至今日，瓷器依然是中国人餐桌上的主要餐具。

金银器餐具：不只是贵

金银器餐具十分名贵，且多为小件，主要在贵族中流行。唐代是金银器发展的繁盛时期，工匠们在金银器上采用镂空、錾刻、焊接、掐丝和鎏金等工艺，所以如果你有幸遇见一件当时的金银器餐具，千万要仔细观赏，那可是多位工匠倾尽心血的得意之作。

一把椅子引发的用餐变革

家人闲坐，灯火可亲。你一定有过这样的美好回忆：逢年过节，亲朋好友围坐一桌，品尝美食，举杯畅饮，闲话家常，其乐融融。在这样温馨的团聚时刻，一桌丰盛的菜品是节日气氛的助攻。然而，这种大家围着一张桌子用餐的画面，最早在唐代才出现。

分餐制——孤独的美食家

东汉有个品德高尚的读书人，叫梁鸿。娶

了位很有才华的妻子，叫孟光。孟光非常尊重梁鸿，每餐做好饭后，会将食物摆在小食案上，恭恭敬敬地举到和自己眉毛一样高的位置，端给梁鸿。这则故事传递了一条容易被人们忽略的重要信息：那时的人们实行分餐制，尤其典型的进食方式是使用小食案。在分餐制中，用餐人席地而坐，采用跪姿，面前摆上一张食案，这是非常典型的“一人食”。即便在宴会上，大家也是一人一案，各自用餐。

分餐制在一定程度上预防了疾病的传播，此外，座席位置、食物数量、餐具规格等细节也严格遵从尊卑秩序，体现了古代中国的封建等级制度和礼仪文化。

高桌大椅引发的变革

经历了十六国时期的频繁战乱，中原地区

同北方民族文化交流日益深入，到了隋唐时期，高足坐具和大桌出现了。椅子、胡床（马扎）等有腿的坐具取代了铺在地上的席子。人们从跪坐在席子上吃饭变成垂足坐在椅子上吃饭，由此引发了更多的变革。比如，人们坐在椅子上，视野变得更高，矮小的食案不再适用，逐渐被高桌所取代。有了长腿大桌子，人们渐渐在同一张桌子上吃饭。但晚唐五代时，人们虽坐在同一张桌旁，食物仍然是一人一份。到了宋代，大家一起吃一道菜的情形就非常普遍了。

好多人一起吃饭是一种实力

大家想象一下，在分餐制下，如果一大群人要一起吃饭，就必须具备四个基本条件。第一，要有充足的食材供庖人（厨师）烹煮，毕竟巧妇难为无米之炊。第二，需要足够数量的庖人将食材做成可口的饭菜。试想，如果一大群人等着吃饭，只有一个厨师在厨房里忙活，洗菜、切菜、红案、白案都指着他完成，那食客们吃一顿饭要等不少时间。第三，需要有充足的餐具。厨房大师傅们好不容易做好了菜，需要将菜品盛装到餐具中。在分餐制下，每人的餐食都是用一套餐具装好的。一套餐具又由大大小小的餐具组成。所以如果有 100 个人同时吃饭，就算餐标简单到只有一菜一汤一饭，加上托盘，至少也得使用 400 件餐具。第四，需要足够大的场地。唐代以前古人大多是席地而坐吃饭的，而且席案和席案之间还间隔着一些距离，因此，在分餐制时期，要想让大家顺利地落座聚餐，得是家底十分丰厚的人家才能做到的啊。

凭本事“吃饭”的人——门客

当今社会，最重要的是人才，古代也一样。在战国时期，有一群家贫但有一技之长的人，他们有的是才高八斗的读书人，有的是身怀绝世武艺的剑客。为了解决温饱问题，他们会投奔到一个有相当实力的主公门下。这群人吃住都在主公家，被称作“舍人”“门下”“客”“士”等。于是主公和门客这种特殊的关系就形成了。你以为主公会很嫌弃忽然找上门白吃白住的人吗？那可就错啦。战国时期，养士已经成为上层社会竞相标榜的风气。贵族们通过招揽人才来巩固与扩大自己的统治。“座上宾”“礼贤下士”都是用来形容门客们受到主公尊重的词。而且，门客虽然住在主公家，但拥有绝对的人身自由。所以，如果哪位门客对主公不满，拍拍屁股大步出门去，换一个主公就好了。

声名远播四公子

战国时期，怎样才能算得上一个很厉害的主公呢？养士的规模就是其中一个标准。齐国的孟尝君、赵国的平原君、魏国的信陵君和楚国的春申君是当时著名的四位主公，他们每人门下门客数量都过千，人送外号“战国四公子”。这四人有怎样得天独厚的养士条件呢？

信陵君出身魏国皇室，孟尝君也是王室中人，曾担任秦相、魏相和齐相多年，身兼其父爵位。平原君是赵国王子，哥哥是赵惠文王。春申君是楚国的令尹（楚国在春秋战国时代的最高官衔），拥有封地，实力也不容小觑。

“四公子”招纳的人才有武士、策士和辩士三类。武士可以保护主公和封地安危；策士可以为主公出谋划策，替主公排忧解难；辩士可以利用三寸不烂之舌承担游说任务，替主公完成外交事务，宣扬主公的名声，扩大主公的影响力。

虽然四公子礼贤下士，但其下门客人数众

多，门客按照等级分类管理，分为上客、中客和下客，在衣食住行上有严格的待遇差别。以孟尝君府上的饭食规定为例，孟尝君为级别最高的上客供应肉，为中客供应鱼，为下客供应蔬菜。看来，门客还真得凭本事吃饭啊。

一饭之恩的报答

俗话说，滴水之恩当涌泉相报，那么主公的一饭之恩又当如何相报呢？唐代诗人李贺一句“报君黄金台上意，提携玉龙为君死”是对门客报答主公的最好写照。主公养士多日，用在一时。当主公有危难，门客挺身而出，为主公解围纾困，死而无悔。

侯嬴——士为知己者死

信陵君有位 70 多岁的门客叫侯嬴。信陵君非常优待他，初次见面就带着车马，空出车上左边的座位，亲自去迎接，并把他奉为“上客”。

公元前257年，秦王派大军围攻赵国，赵国危在旦夕，派信使到魏国求援。魏国信陵君多次请求魏王出兵救赵，魏王就是不听。信陵君不愿眼睁睁地看着赵国被秦国所灭，就自己筹集了车马，打算带着众多门客去救援赵国。在这关键时刻，侯嬴为信陵君出谋划策，偷取魏国兵符，刺杀大将晋鄙，带着精兵8万人，攻打秦军，救下了邯郸，保住了赵国。为报答信陵君对自己的知遇之恩，70多岁高龄的侯嬴在信陵君到达晋鄙军中那天，面向北方自杀了。

“歌神”冯谖狡兔三窟

孟尝君有位叫冯谖的门客。成语“长铗（jiá）归来”和“狡兔三窟”的典故就源于他。起初，冯谖家贫，饭都吃不起了，听说“四公子”之一的孟尝君在广招门客，门下有食客三千人，就托人介绍，想到孟尝君门下当一名食客，混口饭吃。

面试时，孟尝君例行对爱好、才艺、特长提问，没想到冯谖三样都没有，但孟尝君还是收留了这样一个什么也不会的人，把他划为“下等”食客。“下等”食客的饭菜中没有可口的鱼和肉。冯谖就拿起长剑倚门唱歌：“长剑啊长剑，我们走吧，别在这儿待了，在这儿连鱼肉都吃不上。”孟尝君听后就把冯谖的餐食规格提升到了“中客”，这下冯谖每餐可以吃上鱼了。

没过几天，冯谖又拿着宝剑倚门唱歌：“长剑啊长剑，我们走吧，在这儿出个门还得自己走着去。”孟尝君听后就给冯谖配了车，提升到了“上客”待遇。这可乐坏了冯谖，他兴奋地驾车去看他的朋友，并且炫耀说：“孟尝君非常尊重我。”众人都以为冯谖该消停消停了，没想到过了一段时间，冯谖又拿着长剑倚门唱歌：“长剑啊长剑，我们走吧。在这里待着，穷得没钱养家啊。”于是孟尝君派人给冯谖的母亲送去了丰富的生活物资。从此冯谖再也不唱歌了。

故事讲到这里，一直是孟尝君作为主公在付出，那冯谖又是如何报答孟尝君的呢？

有一次，冯谖替孟尝君到薛地讨债，可他不但没跟当地百姓要债，反而把债券全烧了，薛地人民都以为这是孟尝君的恩德，对他充满感激。

后来，孟尝君被齐王解除相国的职位，前往薛地定居，受到薛地人的热烈欢迎，孟尝君这才知道冯谖的用意和才能。这时，一向少言寡语的冯谖才对孟尝君说："通常聪明的兔子都有三个洞穴，才能在紧急关头逃过猎人的追捕，免除一死。但是您却只有一个藏身之处，所以还不能高枕无忧，我愿意再为您安排另外两个可以安心的藏身之处。"

于是冯谖去见梁惠王，他对梁惠王说："齐国把它的大臣孟尝君放逐到诸侯国来，诸侯国中首先迎接他的，就会国富兵强。"于是梁惠王把相位空出来，火速派遣使者带着一千斤黄金，一百辆车，去聘请孟尝君到梁国为相。

可是，梁国的使者一连来了三次，冯谖都

叫孟尝君不要答应。梁国派人高薪聘请孟尝君去治理梁国的消息传到齐王那里，齐王一急，就赶紧派人向孟尝君赠送一千斤黄金、两辆彩车和一把佩剑，向孟尝君道歉，希望他顾念先王的宗庙，回到齐国继续为相。冯谖要孟尝君向齐王提出希望能够拥有齐国祖传祭器的要求，并将它们放在薛地，同时兴建一座祠庙，以确保薛地的安全。

祠庙建好后，冯谖对孟尝君说："现在属于您的三个安身之地都建造好了，从此以后您就可以垫高枕头，安心地睡大觉了。"孟尝君做了几十年相，没有一点儿祸患，冯谖的计谋起了很大作用。

佐餐佳饮

古人饮酒史

中国古代，酒经历了从自然酒到人工酒的历史阶段。早在距今一万多年前的上山文化遗址中，考古学家就在陶器中发现了米酒残留物。综合多种残留物的分析结果，陶器内所储存的可能是一种原始的曲酒。上山人利用发霉的谷物与草本植物的茎叶，培养出有益的发酵菌群，再加入水稻、薏米和块根作物进行发酵酿造。

随着古代社会经济的发展和粮食产量的增多，酒和酒器不断得到发展。从夏、商、周三代的旨酒、秫（shú）酒、春酒，到汉代的葡萄酒，唐、宋的蒸馏酒；从史前的陶质酒杯到商周的青铜酒器、唐代的金银器酒杯，中国古代酿酒技术不断改进，原料更加丰富，酒器也更加多样。

喝酒的礼仪

酒在中国人的生活中为何一直处于一个非常重要的地位呢？原因是在酒发明出来的相当长一段时间里，酒是非常珍贵的饮品，用以祭祀祖先，招待宾客。后来，酒礼渗透到政治制度、伦理道德和婚丧嫁娶等风俗习惯中。在周代，就有叫作“酒正”的官员，专门掌管酒这种饮品。历朝历代皆有承担相应职责的官员。

酒以成礼，饮酒需要符合礼仪。因此，天子饮酒，需要配合礼乐。明代时，在皇帝的主持下，民间已经形成了一套成熟的乡饮酒礼。由地方退休了的有德行的长官主持整个宴会，将参会的宾客按照年龄和德行分类。经费由政府承担。

如同皇帝赐宴一样，乡饮酒礼也是仪式感十足。乡饮酒礼的参与者主要有四类人。一是宴会主人，多为各府、州、县长官，负责迎宾工作，并在宴会中与宾客良好互动。二是司正，是整个宴会的礼官，专门监督宴会的礼仪执行情况。三是赞礼，相当于宴会主持人，负责每个程序的报幕工作，并宣读皇上颁发的律令。赞礼的存在确保宴会的每个环节都按照既定流程进行。四是宾客，宾客们在经过层层选荐后受到邀请，都感到无比荣幸。

乡饮要经过主人迎宾、客人升座（入座）、司正扬觯（宣布宴会开始）、赞礼唱读律令、供馔（上菜）、献宾、宾酬酒、饮酒、送宾几个固定的步骤。在唱读律令这个环节，有过错的人还需要起立聆听。

诗人与美酒

天地英雄气，千秋尚凛然。古时那些被人们传颂的英雄，大多有好酒量。那些出征的将士，喝下一碗酒取暖壮胆，然后奔赴沙场，化归尘与土，以另一种形式留在他们热爱的土地上。酒在文人墨客那里更是名作的催化剂。多少千古名句和艺术创作都与酒有关。

早在三国时期，一代枭雄曹操就在诗文《短歌行》中说道："何以解忧，唯有杜康。"翻译过来就是，怎么排解心中的忧愁？只有喝酒啊。因为传说中酿酒的发明者叫杜康，所以人们就用“杜康”代指酒。杜康最开始造的酒叫作秫酒。秫，就是指高粱，秫酒就是用秫酿成的酒。原来，让曹操解忧的是一种高粱酒。与这种高粱酒结缘的还有竹林七贤的刘伶。他饮了三盅杜康酒，醉了整整三年，这就是“杜康造酒醉刘伶”的故事。当然，这是一个传说，杜康和刘伶并不是同时代的人，根本不可能见面，但我们仍然从传说中感受到了这种高粱酒的魅力。

不为五斗米折腰的陶渊明，先后写下了二十首《饮酒》诗，内容都是酒后的题咏，或抒发对时俗的蔑弃。他在《饮酒·其五》中写道：“结庐在人境，而无车马喧。问君何能尔？心远地自偏。采菊东篱下，悠然见南山。山气日夕佳，飞鸟相与还。此中有真意，欲辨已忘言。”看来，酒在陶渊明这里，是陪伴，是让陶渊明借以抒情写志的工具。

诗仙李白的许多千古名句，往往借着酒意喷薄而出，穿透时光将盛唐时的风华传到了今天。李白一直以自己酒量大为荣。他在《襄阳歌》中写道：“百年三万六千日，一日须倾三百杯。”数年后，他在《将进酒》中又写道：“人生得意须尽欢，莫使金樽空对月。天生我材必有用，千金散尽还复来。烹羊宰牛且为乐，会须一饮三百杯。”看，时光飞逝，物是人非，李白的乐观和酒量却保留了下来。在李白的超级粉丝杜甫看来，李白哪是寻常人饮酒呢？那是酒仙啊。杜甫在《饮中八仙歌》中特别赞誉李白：“李白一斗诗百篇，长安市上酒家眠。天子呼来不上船，自称臣是酒中仙。”

这是一首别具一格的“肖像诗”，将各有特色的八个人物写进一首诗。

诗中的另外七仙也是鼎鼎大名的文人。贺知章是写下名句“二月春风似剪刀”的诗人，号四明狂客。诗的首句写他喝醉酒后骑马，像坐船一样摇来晃去，因为醉眼昏花掉到井里，竟然在井底睡着了。汝阳王李琎（jìn）饮酒三斗以后才去觐见天子。路上碰到装载酒曲的车，闻到酒味口水直流，遗憾自己的封地不在水味如酒的酒泉郡。左相李适之为每日酒兴不惜花费万钱，喝起酒来像鲸鱼吞吸百川之水，自称举杯豪饮是为了让贤。崔宗之是一个潇洒的美少年，举杯饮酒时，常常傲视青天，俊美之姿玉树临风。苏晋虽在佛前斋戒吃素，饮起酒来常把佛门戒律忘得干干净净。张旭饮酒三杯，即挥毫作书，时人称之为“草圣”。他常不拘小节，在王公贵戚面前脱帽露顶，挥笔疾书，若得神助，其书如云烟泻于纸张。焦遂五杯酒下肚，才精神振奋，在酒席上高谈阔论，常常语惊四座。

在推杯换盏中，历史的车轮滚滚向前，一首首经典诗歌从中诞生。

宋人争奇爱斗茶

斗茶始于唐，盛于宋。斗茶就是一群茶叶“发烧友”围在一起，比拼茶叶的好坏。斗茶者各取所藏好茶，轮流烹煮，相互品评，以分高下。斗茶可以是很多人比拼，也可以是两人捉对比拼，三局两胜。

斗茶需要经过五个步骤。第一步是炙茶。我们现在想喝茶，拿起茶叶冲上热水就泡好了，这种简易速成的茶叶叫作散茶。宋人一般喝的是团茶，即茶叶以茶饼的形式储存。所以第一步需要先将茶饼浸泡在沸腾的汤里，刮掉油膏，然后用文火焙干。新茶一般不焙炒。第二步是碾茶。用干净的纸将茶叶包好，捶打、研磨成茶粉。如果茶粉放过夜，颜色就会变淡。第三步是罗茶。将磨好的细末过筛，筛出的粗粉再研磨碾压。第四步是烘盏，将茶盏预热。这一步的意义在于能让茶在盏中浮起。第五步是点茶。就是用沸水冲点茶粉，并用竹筅（xiǎn）不断击打使茶汤浮起泡沫。一般需要经过七道工序，这种加入热水的动作被称为“点”，一盏茶大约要击打 180 至 200 下，水和茶才会完美融合并出现泡沫。

斗茶多选在规模较大的茶叶店，前后两个入口，前堂宽大，是店面；后厅小，有厨房，方便泡茶。有的人家有雅致的内室或花木繁茂的庭院，这些地方都是斗茶的好去处。

斗茶“神器”

斗茶首先比试的是茶叶的品种，青白色的茶叶要胜过黄白色的茶叶。其次比拼茶汤的颜色。根据茶叶品种，选用最适合的水煎茶，比较茶汤的颜色和味道。谁的茶汤先在茶碗边沾上茶痕，谁就输了。由此可见，斗茶能否取胜，光有高品质的茶叶是不够的，还必须了解各种茶的茶性和水质的特点。

斗茶能否胜利，除了优良的茶叶和精湛的茶艺，质量优良的茶盏也是加分项之一。因为要比拼茶汤的颜色是否纯白，宋人喜欢用黑釉茶盏斗茶。福建建窑出品的黑釉茶盏是连皇帝（宋徽宗）都大力推荐的茶器。根据斑纹的特点，建窑茶盏可分为“兔毫”“油滴”“曜变”等品种。建盏釉色黑，能衬托出茶面的白沫和汤花。

比咖啡拉花更早的艺术——茶百戏

现在，技艺纯熟的咖啡师可以熟练地用奶在咖啡中拉出好看的花纹。然而，宋代茶艺师也同样可以用清水在茶汤中做出各式各样的图案，这就是被人津津乐道的茶百戏。茶百戏将茶从饮品上升为艺术，实现了从物质到精神的升华。

琳琅满目的自制冰饮

炎炎夏日，还有比来一杯冰饮更让人快乐的吗？古人也吃冰吗？也喝冰饮吗？答案自是当然。可是，没有冰箱的古人是如何制作冰饮的呢？

专门掌管冰块的官员

在古人还没有掌握制冰技术的时候，人们会充分利用大自然中的冰资源。早在周代时，人们就会在冬天天寒地冻之时将河里的冰切割成块挖出来，贮藏在冰窖之中，到夏天取用。《周礼》中记载了这类负责采冰并管理皇家冰窖的官员，他们被称为“凌人”。

凌人是一个庞大的团体，由两名下士、两名府、两名史、八名胥、八十名徒组成。下士总管藏冰之事，府负责藏冰有关的档案管理，史负责相关的文稿工作，胥和徒是采冰的主力军。除了胥和徒，采冰队伍还有山人、县人、舆人、隶人。这样一群浩浩荡荡的采冰队伍要去哪里采冰呢？据《左传》记载，那些气温低、日照少、水质清、鲜少有人破坏的“深山穷谷”是采冰的优选之地。

采到的冰，会被送去冰窖储存。冰窖内用新鲜的稻草和芦席铺垫，放入三倍于用冰量的冰块，之后密封好冰窖不让空气进入窖内，以防止冰块融化。这样来年夏天就可以根据需要随时取冰使用了。

《诗经·豳风·七月》用“凌阴”来称呼冰窖。考古人员在陕西凤翔秦都雍城首次发现了先秦凌阴遗址，让我们得以一窥冰窖的真面目。该遗址看起来近似方形夯土台基，窖穴底部铺着一层砂质片岩。窖穴四周有回廊。“根据窖穴体积推算，这一冰室可藏冰 190 立方米。”为了保持窖内温度，冰窖深入地下，使用木板、泥土密封窖口，用麦草秸秆、谷壳覆盖窖顶，修建盖有厚草瓦的歇山顶，修筑作为严格隔热设施的门道及排水系统，来减少冰的融化。

历朝历代对冰块的消耗都是巨大的。据《大清会典》记载，清代的北京城，官方修建的冰窖数量最多时达到了 23 座，每年储藏 20 万吨左右的冰块。而在气候温暖的东南各城市，藏冰也是一项必备功课。清乾隆《元和县志》记载，苏州葑（fēng）门外，曾设24座冰窖。

世界上最早的冰箱

曾国是周王室分封至江汉地区的重要诸侯国。据说，曾国国君酷爱在夏天喝冰镇酒。考古学家在他的墓葬中出土了一个豪华大冰箱青铜冰鉴，是专门用来冰酒的，被称为“世界上最早的冰箱”。

冰鉴本身并不能产冰，它冰酒的奥秘就在于其精巧的内部构造。冰鉴是由一个方鉴和一件方尊缶组成的青铜套器。鉴为方体，像一个方口的大盒子，方尊缶就是装酒的瓶子，置于方鉴内，可以简单理解为一个方形的盒子中间套了一个酒坛子。缶的外壁和鉴的内壁之间有很大的空间，用来填装冰块或热水，具有冰镇、加温酒浆的双重功能。冰鉴出土时自带一柄长柄青铜勺，可深入缶内底舀出冰镇美酒。如此，曾国国君就可以在夏天享受源源不断的冰酒了。

堪比金玉的冰块

除了官方藏冰，有条件的个人也会挖掘地窖藏冰。到了夏天，街头巷尾会出现一类小贩，专门叫卖冰块。碰上酷暑，冰块的价格会大幅上涨。唐代《云仙杂记》中就记载，到了夏天，长安的冰价就曾一度被炒到“等同金璧”的价格。

琳琅满目的冰饮

唐末，人们在生产火药时无意间发现硝石

溶于水时会吸收大量的热，可以使水降温至结冰。于是，制冰技术的进步使冰块进入寻常百姓家，人们有机会利用冰块制作出品类多样的冰镇饮料。

《东京梦华录》记载，每逢酷暑，东京汴梁的大街小巷都有售卖冰饮的商贩。商人们沿街撑起青布伞，当街摆放桌椅板凳，各种叫卖声此起彼伏、不绝于耳。冰饮品种繁多，什么冰雪甘草汤、雪泡缩皮饮、雪泡梅花酒、凉水荔枝膏、椰子水、甘蔗汁、凉酸浆、绿豆水、木瓜浆、杨梅渴水、砂糖冰雪冷元子、砂糖绿豆甘草冰雪凉水、乳糖真雪……每一样都让人忍不住想尝试。《清明上河图》中就画有两家冰饮店在营业，可见宋人对冰饮的喜爱。

当然，如果你是宋代公务员，每到夏季，皇帝还会御赐冰饮。在一份宋真宗赐给臣下的赐品清单中，有一种叫作“蜜沙冰”的冰饮。据推测，“蜜沙冰”就是浇上蜂蜜、放上豆沙的冰，也就是我们今天食用的刨冰。

古代的冰激凌

隋代初年，以牛、羊、马等乳制品制成的“酪饮”开始作为夏日冷饮流行。这种冷饮在

（唐）章怀太子墓《仕女图》中的“酥山”

唐代得到了进一步发展，一种名为“酥山”的冷冻奶制品糕点诞生了。唐代诗人王泠然记下了酥山的制作方法：将蜜糖淋到碎冰上，冷凝成小山的模样。为了让酥山既好吃又好看，人们还会在摆盘时点缀衬物。后来，除了白色的酥山，还出现了“贵妃红”或“眉黛青”染出来的红色或青色的酥山。在唐代章怀太子墓壁画《仕女图》中，可以看到仕女的手中所捧着的，正是装饰了花朵与彩树的酥山。

冰给予中国人的智慧

冰带给中国人的馈赠远远不只饮食，人们还从其寒冷、洁净的特质中吸取了无尽的智慧，运用到源远流长的中国文化中。

《诗经·小雅·小旻》中有句“如临深渊，如履薄冰”，形容人的处境如在深渊边缘一样，如行走在薄冰上一样，随时有冰面破裂沉入水中的危险。这表明当时的人们对水面薄冰的危险已经有了充分的认知，并且能主动避险。在后世的衍变中，这种对大自然风险的认识后来引申出为官者对自己的严格要求和担当。随时如履薄冰般敬小慎微，防微杜渐，方能实现“君子慎独”的道德理想。

冰块清澈透明，洁白无瑕，也是高尚品格的写照。东汉桓谭在《新论·妄瑕》中就用了“冰清玉洁”来描述伯夷叔齐的高尚品格。

人们从融化的冰中也得到了启示。《老子》中提到“涣兮若冰之将释”，讲的是冰遇热则融。“涣然冰释”被后世用来形容人们彻底消除误会、隔阂，倡导真诚以待的处世之道。

除了冰本身的特质，“饮冰”也得到阐发。在《庄子·人间世》中，叶公子高早上刚接受君主的委任，晚上就需要喝冰水缓解内心的炽热和焦灼。梁启超先生化用此典故，用“十年饮冰，难凉热血”这句话来表达他作为维新变法领袖人物对时局的忧虑和对理想抱负的执着。他在未知的探索中，屡战屡败，却从未动摇救国救民的信念。

宫廷宴会

去宫里应该找谁“蹭饭”

假如你一不小心穿越回古代，进了皇宫，肚子饿得咕咕叫，应该去哪里“蹭饭”填饱肚子呢？情况有点儿复杂，这需要我们分情况讨论一下。

清宫“蹭饭”指南

如果你是回到清代，那么只要认准御茶膳

房便可。

御茶膳房位于紫禁城南三所西侧，设在内务府下，是专门负责宫廷饮食的机构。御茶膳房下设膳房、清茶房和茶房，各式菜品应有尽有。说到这里，你的脑海里是不是还没什么概念？那让我们再讲得具体一点儿。比如，御茶膳房里设置了荤局、素局、挂炉局、饭局和点心局五局。如果你喜爱吃肉，那就去光临荤局，这里的大师傅们主要运用炒、炸、熘、蒸、炖等方法烹制家畜、家禽、鱼类、海鲜等荤菜；如果你想吃点儿新鲜蔬菜，那就去素局，素局的大师傅们主要用炒、炸、熘等方式烹制青菜、干菜、蘑菇、豆制品、面筋等植物食材；如果你想品尝烧烤类做法的菜肴，那就去挂炉局，挂炉局主管烧、烤有关的肉类食品，你在这里有机会吃到挂炉鸭子；如果你觉得光吃菜不顶饿，那就去饭局再来点儿主食，饭局主管蒸、煮各类粥、饭；如果肚子还有空间，还想吃些包子、饺子，以及各式宫廷特色糕点，你就得去点心局了。

这样一通胡吃海塞下来，你怎么着也应该饱了吧？当然，如果你的胆子足够大，你还可以从御茶膳房出来，从景运门一路向西走，到达内右门。进入内右门，向西北方向走，就可以到达我们常说的“御膳房”啦。

御膳房是专为皇帝服务的膳房，位于养心殿正南，称“养心殿御膳房”，又称“大内御膳房”，是一个独立院落。院内有一座东西走向的排房，其南侧为南库。在这不大的空间内，有几百位工作人员随时待命，为皇帝的饮食操劳。所以，尽管这里食物很丰盛，但来这里蹭饭的危险系数可是很高哟。

光禄寺不是寺

如果你回到的是清代以前的朝代，比如明代，那你就需要了解一个叫“光禄寺”的机构。光禄寺可不是个寺庙，从北齐开始，光禄寺就开始承担为王室制作饮食的职责了。不过，这时的光禄寺还负责宫殿的安保守卫，不是专门的饮食机构。到了隋代，光禄寺成为专管饮食的机构，但也不是唯一的饮食机构。比如要提前试吃每道菜，确保菜品安全可食用，并把它们呈给皇帝，就要去麻烦尚食局这个机构。当然，如果你愿意，可以去尚食局应聘试吃员，福利很明显——顿顿吃大餐，皇帝吃啥你吃啥。缺点也很明显，可能刚吃了一筷子就“两眼一抹黑”，遗憾地和这个世界说再见了。除了尚食局，宫中还有许多饮食机构。了解了它们和光禄寺在宫庭饮食管理中的配合方式，有助于你开启“暴走”模式，快速寻找到满意的食物。

以明代为例，宫廷饮食管理有两种模式。一种是自下而上。光禄寺呈上某餐的菜单，准备好相应的食材，交给尚膳监烹饪。菜单上的酒饮就去找御酒房提供，由酒醋面局酿造，甜点就去找甜食房制作。做好的菜肴、甜点和酒饮由尚膳监呈上，尚食局试吃确认食品安全后，再呈给皇帝及皇室成员。

如果皇帝或者太后、娘娘们忽然有特别想吃的食物怎么办呢？这就是第二种饮食制作模式——自上而下，皇帝、皇室成员直接下旨到尚膳监，让其制作。尚膳监接到旨意后，拿着经过审批的领物票证到光禄寺领取制作食物需要的食材，做好后呈上，召唤尚食局来试吃，试吃完确认安全后再呈给下旨意的人。所以，在这么多个环节里，你总能找到机会“蹭饭”成功的。

明代宫廷团体“混饭”指南

宫中除了皇帝、皇室成员需要吃饭，还有很多需要吃饭的小团体，加入他们，你的三餐就有着落了。比如，在明代，光禄寺会为每日当值的内阁阁臣们准备工作餐。内阁阁臣可是被百姓视作“国家栋梁”“读书人的骄傲”的人才，他们的一餐一饭都彰显着“智慧”的味道。每日，阁臣们聚集在阁中一起用餐，但是不允许饮酒。餐标中比其他官员多了一味核桃。核桃虽小，却显示出用餐人的重要身份地位。

宫中的当差人员也是要解决温饱问题的。宫女们的饭食按照品级确定食材，由光禄寺制作。品级高和重要宫殿的宫女就比较自由了。她们会分得额外的厨料，可以在日常三餐外自己开小灶。太监和侍卫的饭食是光禄寺提供的桌餐，根据吃饭人数和品级来决定每桌的餐标。当然这是明代前期，到了明代晚期，宫人对菜品的味道极其挑剔，有额外厨料的宫人干脆花钱在宫中聘请厨艺高超的内官上门做菜。上门做菜在那时就成了一个高收入的差事。

皇帝请你赴场宴

饮食最初的功能是满足人们的饱腹需求。但是，吃饭这件事到了皇帝这里就变得不再单纯。宫廷餐饭被打上了深深的皇家烙印，与制度、礼仪、等级挂钩。历朝历代的皇帝都会不定时和某位大臣或群臣吃顿饭，或者赐给他们食物。选择和哪个大臣一起吃饭、什么时候吃饭可是大有学问。

先来回答这个问题，皇帝为啥要不定期找大臣们吃饭？君王高高在上，当君王和臣子坐在一起吃饭，一餐一饭彰显着君主的威严，宣示着君王的权力，体现了君王宽广博大的胸怀和与臣同乐的豪情。此举很利于团结群臣，缓和君臣之间的矛盾。大臣们往往以此为荣，更加向君王效忠。

遇上逢年过节、大臣生病、大臣的父母去世、大臣升职等日子，皇帝都会赏赐臣子食物以示对他们特别的照顾。这彰显了君王对大臣的体恤之情和所拥有的仁爱之心。

和明代皇帝一起吃饭的条条框框

鉴于明代皇帝大多短命，和他们一起吃饭实属不易，就让我们一起看看明代官员们和皇帝一起吃饭的日常吧。

明代的宴会分为大宴、中宴和常宴三等。宴会的饭菜均由光禄寺按照等级制作。划分宴会等级的标准则是看宴会上礼乐的使用方法和饮酒的数量。作为臣子，赶赴皇帝举办的宴会，那条条框框可不是一般多。

等级性是皇家宴会最大的特点。品级较低的官员是没有资格参加皇家宴会的，不过会收到皇帝御赐的食材或者钞锭作为补偿。有幸前来赴宴的官员，座位也是严格按照品级排定的，不能换座位，更不能争抢座位。当然，为了解决大臣们抢座位这个问题，早在明太祖朱元璋的时候就针对官员的座位排布给出了一个指导意见：将文武官员以四品为界，四品及以上官员坐在殿内用餐，五品及以下官员只能坐在殿外用餐。

好不容易正确入座了，你以为就可以轻松开吃了吗？那你可就低估了皇家宴会的隆重和威严。宴会上有个专门盯着官员的官，叫作纠仪御史，主要职责就是拿着小本本记录那些大声喧哗、言行不合礼仪、仪容不得体的官员。一旦被他们记录下来，就等着被皇帝处罚吧。

正式开餐后，皇帝会举杯号召大臣们喝酒，本着教导群臣不要贪杯误事的原则，最高级别的大宴才允许喝九爵酒，中宴可以喝七爵酒，常宴可以喝三爵或五爵酒。但皇家宴会上，喝酒也是个“技术活”，已经形成一套流程固定下来。

以大宴为例，当内官捧着斟满酒的酒爵呈给皇帝时，在场所有的文武百官必须跪拜皇帝，直到君王饮完第一爵酒，百官才能起身。之后的每爵酒，都得等君王饮完，文武百官才能按照次序饮完。不仅喝酒要遵循严格的流程，进汤和进膳也一样。

饮完酒后，鸿胪寺序班会将大臣们的酒爵

都收走，尚膳监则开始向皇帝呈上汤品。这个过程，文武百官倒是不用跪拜了，但需要全体起立，注视着汤上呈完毕才能坐下。上菜也是这样的流程。赴宴的大臣们要全体起立，注视着菜品到达皇帝面前才能坐下。整顿饭吃下来，大臣们必须时刻保持高度紧张，仪容仪表还要得体，真是备受煎熬。

那些惊心动魄的宴会现场

赴宴有时是一件危险系数很高的事，觥筹交错间，杀机四伏。往往菜还冒着热气，吃菜的人却告别这个世界了。

刺客们为什么都爱选择在宴会上下手呢？原因大概有三点。首先，宴会上大家又喝酒又吃菜，容易分心，往往注意不到危机的到来，刺杀很容易成功。其次，宴会上觥筹交错，酒精使人行动迟缓，刺客实施暗杀时，目标不易逃脱。最后，宴会上人员非常复杂，有服务人员，有宾客，刺客随便混在其中，也不容易被发现。有人的地方就有江湖，江湖中藏上一个小小的刺客毕竟不是什么难事。于是翻开尘封的历史，我们可以见证下面这一幕幕惊心动魄的宴会场景。

专诸刺王僚——一盘烤鱼引发的血案

春秋末年的吴国，有个叫专诸的屠户，力大无穷。伍子胥知道公子光打算杀掉吴王僚，于是就把专诸推荐给公子光。

公子光和吴王僚有什么仇什么怨呢？原来，公子光的父亲是吴王诸樊。诸樊有三个弟弟：按兄弟次序排，大弟弟叫余祭，二弟弟叫余昧，最小的弟弟叫季札，人称公子札。按照传统，王位实行兄终弟及的继承方式。但公子札是一个非常贤能的治国良才，因此当时的吴王，也就是公子光的爷爷寿梦，就非常想把王位传给小儿子季札。但是季札谦让推辞了，于是公子光的爸爸诸樊就继承了王位，成了新一代吴王。诸樊继位，服丧期满，要把王位让给季札。季札又一次推辞了。

公子光老爸四兄弟感情非常好，兄长三人都想实现老父亲寿梦的愿望，将国家交到四弟季札手中。于是公子光的老爸死后把王位传给了大弟余祭，余祭死后又把王位传给了老三余眛。余眛死后，王位本应传给公子札，但是公子札无心权力，这一次他又选择了逃避。吴国人只好拥立余眛的儿子僚为国君，就是吴王僚。

可是作为长兄诸樊的儿子的公子光很不忿。公子光说：“如果按兄弟的次序传承王位，就应该立公子札为王；如果一定要传给儿子的话，那么我才是真正的嫡子，应当立我为君。”所以公子光秘密供养一些门客，以便借助他们的力量夺回王位。

楚平王去世后，吴国想趁楚国有国丧攻打楚国，吴王僚派公子盖余、烛庸带兵围困楚国的两个邑。还派出公子札出使晋国，来观察诸侯的动静。谁料楚国派兵断绝吴兵后路，吴兵被阻不能回国。公子光觉得这真是天赐良机，便找来专诸安排了刺杀计划。

农历四月的一天，公子光把身穿铠甲的武士埋伏在地下室，宴请王僚。王僚心虚，派出卫兵，从王宫一直到公子光的家里，大门、台阶、屋门、座席旁，都布满他的亲信，重重守卫，人人手持利剑。

推杯换盏、觥筹交错之际，公子光假装脚疾犯了，进入地下室，派专诸把匕首藏到烤鱼的肚子里，然后把鱼献上去。专诸走到王僚面前，掰开鱼，趁势用藏在里面的匕首刺杀王僚，王僚当场毙命。王僚左右侍卫也杀死了专诸。正当王僚手下众人群龙无首，混乱不安之时，公子光命埋伏的将士把王僚的部下全部消灭。

于是公子光自立为国君，这就是吴王阖闾。阖闾为报答专诸，封专诸之子为诸侯国大臣中爵位最高的上卿。

下次吃烤鱼的时候，你可以给大家讲讲专诸刺王僚的故事！

鸿门宴：中国历史上最著名的宴会

秦末年，为了反抗秦国暴政，各地纷纷揭竿而起。当时楚怀王与诸将约定，谁先攻入关中，谁就是关中王。楚国将领项羽在当时拥有最强的军事实力，坐拥40万军队，在反秦战争中出力也最多，是众望所归的关中王。但当项羽降服秦军，进军咸阳时，沛公刘邦已兼程改道，先一步进入关中。当时刘邦的军队只有10万人，还不足以与项羽抗衡。项羽听说刘邦要称王，恨得牙痒痒。于是项羽向刘邦发出了宴会邀约，打算在鸿门设宴，并要在宴会上除掉刘邦。

项羽的叔父将这一消息透露给自己的救命恩人张良，想叫他和自己一起离开。张良拒绝，并把详情告诉了刘邦。第二天，刘邦如约赴宴。预料到这顿饭会吃得异常凶险，刘邦一见到项羽，就向他赔罪，坦言自己能够先进入关中是运气所致，自己更没有称王的想法，传到项羽耳朵里的都是小人的谣言，这才让项羽和自己产生了这么大的误会。

这番话说得项羽十分满意，于是邀请刘邦坐下来一起吃饭。

吃饭时，项羽、项伯面向东方坐，项羽的谋士范增面向南边坐，刘邦坐在范增的对面，张良面西侍坐。

在酒席上，范增多次给项羽使眼色，再三举起他佩戴的玉玦暗示项羽快点儿动手，除掉刘邦。但是项羽一直不理睬。范增知道项羽的性格，也不等他发号施令了，站起来出了军帐，叫来项羽的堂弟项庄说："大王这个人就是心善。一会儿你去上前敬酒，敬完就请求舞剑，趁机刺杀座位上的刘邦。不然以后我们大家会败在他的手下。"

项庄听完就进去敬酒，敬完酒请求舞剑助兴。项羽爽快地同意了。于是项庄拔剑，开始舞剑，这时候给刘邦通风报信的项伯也加入舞剑的队伍，他张开双臂，像鸟儿张开翅膀那样用身体掩护刘邦，项庄根本无法刺杀刘邦。

张良见此情景，赶紧召唤门外的樊哙。樊哙冲入军帐，瞪着项羽，头发向上竖着，眼角都快裂开了。得知这位是沛公的参乘樊哙，项羽赏酒赏肉。樊哙一顿吃喝后对项羽说："沛公打败秦军进入咸阳，一点儿东西都不敢用，等待大王到来，大王怎能听信小人的谗言，要杀有功之人？"项羽无话可说。

过了一会儿，刘邦起身上厕所，就趁机逃跑了。他对樊哙说："现在出来，还没有告辞，这该怎么办？"樊哙说："做大事不必顾及小节。现在人家好比菜刀和砧板，我们好比是鱼和肉，告辞干什么呢？"

樊哙的话直接打消了刘邦的顾虑，他留下张良善后，给项羽告罪。

张良估计刘邦差不多已经跑回营地了，才进去辞别，推说刘邦酒量不好，喝醉了提前回营，献上一对玉璧、玉斗赔罪。

项羽高兴地接过玉璧。范增则十分生气，接过玉斗，放在地上，拔出剑来敲碎了它，说："不值得和这小子谋划大事，以后夺走天下的必定是刘邦，我们以后都要被他俘虏了。"

一场鸿门宴后，刘邦保全了性命，成为与项羽争夺王位的主要竞争者。他不断选贤任能，扩充力量，在楚汉战争最后一战——垓下之战中全歼项羽率领的楚军，逼得项羽在乌江边自刎。刘邦因而成为汉朝的开国皇帝，史称汉高祖。

那些读书人挤破头都想参加的宴会

当然，宴会也不尽都是危机四伏，和和气气参加宴会的大有人在，比如在科举中考取高分的文人。科举制度是中国古代通过考试选拔官吏的制度，“朝为田舍郎，暮登天子堂”“春风得意马蹄疾，一日看尽长安花”这些著名的诗句都表达了古人对金榜题名的渴望。然而，在古代，要中状元可没那么容易。

明代是科举的鼎盛时期，据《明史·选举志》记录，考生们要历经四级考试。第一级是院试，中试者称“秀才”；第二级是乡试，中试者称“举人”；第三级是会试，中试者称“贡士”；第四级是殿试，中试者赐进士出身，前三名分别是“状元”“榜眼”和“探花”。

我们常常在电视剧里看到读书人进京赶考的场景，讲的正是举人们去京城参加会试的情景。那个年代可没有高铁和飞机，考生长途跋涉非常辛苦。赶考的费用也是一笔不小的花费。赶考费包括车马费、旅店费、饮食费，外加考卷以及笔墨纸砚等考试装备的费用。不过，十年寒窗无人问，一举成名天下知。对于考生来说，在金榜题名带来的莫大荣誉面前，一切苦难都是可以忍受的。

新科举子鹿鸣宴

在清代，乡试要考三场。每场都是提前一

天点名发给考生试卷入场，后一天交卷出场。由于考生众多，每次都需要分路、分时点名入场。不过，通过乡试的人，就能参加为新科举子举办的鹿鸣宴。

鹿鸣宴起源于唐代，是古时地方官祝贺考生考中举人或贡生的宴会。因为宴会上要唱《诗经·小雅》中的《鹿鸣》，所以叫“鹿鸣宴”。

宋代统治者极为重视鹿鸣宴，宋高宗绍兴十三年（公元1143年），礼部修订了《乡饮酒矩范仪制》，对全国各地举办的鹿鸣宴在流程和仪制上做了统一。统一后的鹿鸣宴要经历肃宾、祭酒、宾酬、主献等12个环节。鹿鸣宴由各地主政的父母官主持，流程不能随意简化，也侧面反映出国家对读书人的重视。

春风得意琼林宴

黄梅戏《女驸马》选段《谁料皇榜中状元》中有这样一句唱词：“我也曾赴过琼林宴……”琼林宴又是什么人才有资格参加的呢？

原来，殿试公布名次以后，皇帝就会为新科进士们举办宴会。这种宴会起源于唐代，曾名“曲江宴”。到了宋代，因设宴于琼林苑，而称“琼林宴”。琼林苑原为宋代名苑，在汴京（今河南开封）城西。宋代政和二年（公元1112年），宴会改在辟雍召开，名字也改为“闻喜宴”，到了元、明、清三代，则改称“恩荣宴”。参加琼林宴可谓是古代考生梦寐以求的事，它代表读书人寒窗苦读的成绩得到君王的认可。

虽然明代皇帝不会亲自参加恩荣宴，但恩荣宴礼仪隆重，佳肴丰盛。比如，从永乐皇帝到天顺皇帝，恩荣宴的菜品不断丰富，规格和档次也非常高。以弘治三年（公元 1490 年）的恩荣宴为例，在上桌的餐单上出现了“羊背皮”这道菜。“羊背皮”味道醇厚，肉质鲜美，是元、明两代御膳之物，也常被皇帝用来封赏臣下。

结　语

良田万顷，日食三餐。中国土地广袤，疆域辽阔，不同的自然和社会环境建构了不同区域的饮食文化，汇聚成中国传统饮食文化。

从茹毛饮血一路走来，中国古人的餐桌见证了上万年的饮食革命和文化流变。吃饭这件事，不仅是为了果腹和生存，更成为一种生活方式的集中表达。调羹弄膳间，处处流露着生活智慧和生命尊严。中国味，为生活在中华大地上的人们烙上了中国印。

透过饮食，我们可以窥见中华先祖在历史长河中创造的璀璨的农耕文明；可以看到散落在一个个历史片段中，与饮食为伴的一个个具象的人，我们借由饮食去了解他们的故事，了解他们的临危不惧，了解他们的一诺千金。这丰富多彩的饮食文化内涵，带给今人诸多滋养，是我们坚定文化自信的底气，也是我们披荆斩棘、风雨前行的动力。

灯火阑珊处，总有一餐美好与你我相遇。